全圖解教學！

# 手作包基本功 ①

一次學會裁剪布料&布包縫紉技巧

梅谷育代◎著

# CONTENTS

LESSON

標註LESSON，表示附圖片解說。

材料&工具 P.04

布料準備 P.06

布襯&底板 P.08

防水材質製作說明 P.09

製作小技巧 P.10

## 花布包

38
30
53
12.5
5
側身
18

12
22
26
21
8.5

20
15
側身
10
24
側身
6
8.5

42
側身
14
33
30

〔附小包托特包〕
P.12
LESSON

〔長方形托特包〕
P.16
LESSON

〔方形提袋〕
P.20
LESSON

〔束口袋〕
P.24
LESSON

〔口金化妝包&口金包〕
P.28
LESSON

## 扁包

35
36
翻面後款式
54
30

33

28

〔基本款〕
P.32
LESSON

〔附口袋扁包〕
（雙面款）
P.36
LESSON

〔防水扁包〕
（附內口袋）
P.40
LESSON

〔長提把扁包〕
P.34

加襯圓弧角扁包
P.43

## 休閒包

36
36
30

26
30
30
40

16
24
20
20
20
20

40
40
40
12
側身
12

〔托特包〕
（附磁釦）
P.51
LESSON

〔蛋糕提袋〕
（附保溫保冷裡袋）
P.44
LESSON

〔酒瓶提袋〕
P.53

30
19
18
10
28
〔散步用提包〕
（附磁釦）
P.48
LESSON

〔更換顏色，安裝口袋〕
P.48

30
14
22
12
20
32
〔便當提袋〕
P.54
LESSON

4
17
7.5
水壺提袋
P.54
LESSON

迷你旅行袋

55
30
40
側身 12
〔基本款〕
P.58
LESSON

14
20.5
〔化妝包〕
P.80
LESSON

〔其他花色〕
P.58

通學必備包

30
30
40
〔手提袋〕
P.62
LESSON

14.5
20
24
8
12
〔室內鞋袋〕
P.64
LESSON

18
12
4
〔便當袋〕
P.66
LESSON

18
16
10
8
〔杯袋〕
P.68
LESSON

35
30
〔運動服袋〕
P.68

26
22
〔小物袋〕
P.68

袋中袋

20
30
19
24
側身 6
〔基本款〕
P.69
LESSON

〔其他花色〕

夾口口金包

13
15
20
4
16
P.72
LESSON

束口袋

26
22
17
15
〔雙邊抽繩型（大）（小）〕
P.76
LESSON

26
22
17
15
〔單邊抽繩型（大）（小）〕
P.79
LESSON

口金包

13.5
13.5
11
10.5
〔大口金包〕
P.75
〔小口金包〕

# 工具 & 素材　工具提供／Clover

## 縫紉機

選用具有直線縫與Z字形車縫功能即可。

## 整燙工具

①熨斗：具有蒸汽功能較為方便使用。
②噴霧器：需要特別燙平時使用。
③燙衣板。

## 剪刀

①布剪：裁布時使用。
②紙剪：剪紙型時使用。
③小剪刀：修剪線頭或製作細部時使用。

若將布剪拿來剪紙之後用於裁布時，會變得有些鈍，不太好用。因此，請務必將布剪與紙剪分開使用哦！

## 小工具

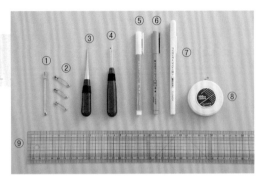

①穿帶器：將繩子穿入時使用。
②安全別針：可替代穿帶器使用。
③錐子：調整布角形狀，或在縫紉機送布時輔助用。
④拆線器：方便拆除縫線。
⑤記號筆（細）：在布上描繪紙型或作記號時使用。
　建議選擇遇水即會消失的記號筆較為方便。
⑥記號筆（粗）：讓記號更清楚時使用。
⑦記號筆（白色）：於深色布上作記號用。
⑧捲尺：量布時使用。測量圓形物體時更加方便。

## 裁割刀

①裁布墊：使用裁割刀時，墊於下方。
②裁割刀：可以工整又快速地裁剪布料。
③切割尺：裁剪布料的輔助工具。

**針類**

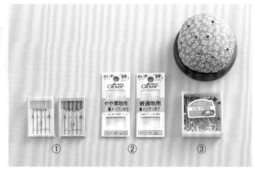

①車針：一般布料使用9至11號車針即可。越厚重的布料，需使用號碼越大的車針。
②手縫針：用於刺繡，或無法車縫時使用。
③珠針：用於暫時固定布片，以便進行裁剪、整燙或縫紉。

**繩子&
拉鍊**

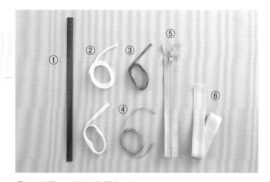

①皮革帶：用於提帶把手。
②圓繩：用於束口袋抽繩。
③扁繩：用於束口袋抽繩。
④紙繩：用於製作口金包。
⑤拉鍊：用於提袋與零錢包的製作。
⑥魔鬼氈：用於手提袋等的製作。

**金屬
零件類**

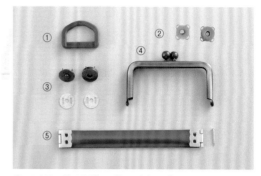

①D型環　②磁鐵鈕　③口金框　④夾口口金

**接著劑**

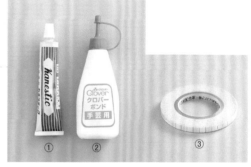

①強力接著劑：固定口金框時使用。
②白膠：固定口金框的紙繩時使用。
③0.5cm寬的雙面膠：用於保溫、保冷襯等的固定。

**縫紉機專用
線的使用**

一般準備50至60號的車線即可。建議選用強韌度、價格及顏色選擇性俱佳的聚酯纖維車線。如圖所示，若布料有明顯底色或顏色較繁複時，可選擇同色系的車線；若需稍微看出縫線時，可選擇較深色的車線。倘若手邊沒有吻合布料顏色的線，可使用與布料對比色的車線，效果也不錯。

# 布料的準備工作

### 布料的特性

製作時，盡量以直布紋方向進行裁剪。提把部分則以橫布紋進行裁剪。

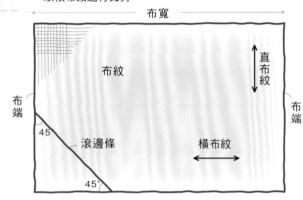

直布紋：布料是縱向織紋，不易左右拉開。
橫布紋：布料是橫向織紋，可稍微左右拉開。
布　端：布料的兩側。
布　寬：布料的寬度。
滾邊條：將布料以四十五度斜角裁剪成條狀的斜布條，於收邊、包邊時使用。

### 防縮處理（整理布紋）

裁剪布料前，為避免布紋歪斜或作品完成後收縮變形，須先將布料紋路進行整平及防縮處理。

〔木綿〕

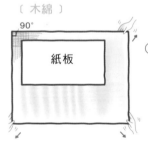

①以噴霧器將布料充分噴濕後，利用紙板的直角為輔助，以手拉平布紋歪斜的部分。

②從布的背面，用熨斗以按壓方式順著布紋方向燙平。布料尚未冷卻前，勿移動它。

〔麻〕

①將布料摺好後，放入注滿水的臉盆或水槽內，浸泡約一小時。

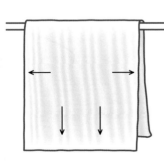

②將略微脫水的布料，依布紋方向攤開陰乾。
③依棉布的步驟①將布紋調正。
④依棉布的步驟②將布料燙平。

**分辨表布&裡布**

〔可明顯分辨〕 〔無法明顯分辨〕

布端若印有字樣，可正確閱
讀文字的那面為表布。

布端若有像被細針刺出般小洞孔的
那面為表布。

**圖案布
的運用**

布料的花案若可
看出有一定的上
下方向，在裁剪
或縫製布料時要
特別留意，提袋
正背面的花案不
要顛倒了！布料
尺寸也需跟著作
些微調。

布料的花案若是大
型圖案時，須先考
量好圖案在提袋上
的位置，再進行裁
剪。此時布料尺寸
可能需作較大的調
整，所以請先測量
好，並多準備一些
布料。

**布料的測量**

即使是製作相同尺寸的提袋，布料的裁
剪方式與所需的布量可能有所不同。大
型花樣的布料可能有拼接圖案的需要，
因此請選擇有完整花樣的布料。

縫份1cm、袋口
2cm、三摺收邊
縫份的測量方式

30 完成後尺寸

← 26 →

● 接合袋底

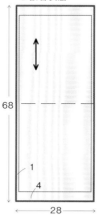

68

1

4

← 28 →

● 左右片

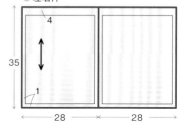

4

35

1

← 28 → ← 28 →

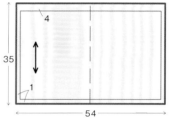

4

35

1

← 54 →

**縫份的作法**

本書中的作品縫份大多為
1cm，而袋口及口袋上端
則留三摺收邊的縫份。

〔範例〕

4

口袋

1

# 布襯 & 袋底底板

### 布襯

表面有膠的棉襯，使用熨斗就可輕易地與布料黏合。使用後，可避免布料變形，並維持提袋的形狀。

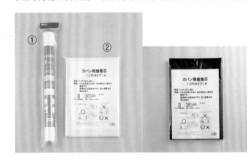

〔本書中使用的布襯〕

①雙膠棉：正反兩面都有膠，用於貼布繡，或將表裡布黏合時使用。
②袋物專用底襯：讓作品蓬鬆，並維持形狀時使用。

### 布襯
### 黏合方式

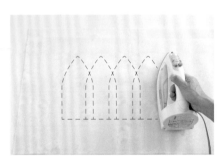

將布料的背面與布襯光滑有膠的那面相疊後，將熨斗設定成中溫（130℃至150℃），並以重疊壓燙的方式，慢慢進行黏合。在尚未冷卻前，不要隨意移動布料。

### 雙膠棉的
### 黏合方式

**黏合表裡布**　使用雙膠棉，可將表布及裡布結合成一塊布料。黏合後的布料即使不拷克處理，布邊也不會脫線，但在黏合時須注意布料移動而變皺的問題。

①將雙膠棉放在表布的背面，並以熨斗壓燙黏合。
②待冷卻後，將雙膠棉的背膠撕下。
③將裡布重疊放上後，以熨斗壓燙黏合。
④尚未冷卻前，請勿移動布料。待冷卻後，即完成表布、裡布的黏合。

### 袋底底板

可利用厚紙板或墊板來當袋底，但建議使用專門的PE底板，較易裁剪且美觀。

直接裁剪後使用

將底板四邊直角稍微修剪成圓弧形。

以布料包好後使用

以雙面膠將布料包覆底板。

# 防水材質使用要領

## 調整布料時

基本上不使用珠針，故此以夾子、雙面膠、透明膠帶等進行作業。

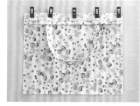

**夾子**
用來夾住摺好的布料。一邊取下夾子一邊縫製。

燕尾夾　　　　強力夾

若縫到雙面膠，把車針給黏住就糟糕了！

**雙面膠**
以雙面膠錯開稍後要縫製的部分，進行黏貼。

**透明膠帶**
以透明膠帶把平面的部分暫時固定住。（不是長期黏貼）

**珠針**
非得要使用珠針時，把它插在縫線處或背面吧！（正面看不到之處）

## 進行車縫時

把縫紉機的壓布腳換成鐵氟龍製的。若不好車縫，可在車針抹上矽利康試看看。此外，市面上亦售有聚氯乙烯塗層的縫線（防水用縫線），也可以試著用看看。

防水用縫線

鐵氟龍壓腳　　　　矽利康

**保存方式**

防水布料材質無法使用熨斗，為避免產生皺褶，布料要捲起來保存。若剛從布店買下，也要記得將布料捲起後，再帶回家。

## 自製防水布料

霧面防水貼膜

①將防水貼膜裁妥，鋪放在布料上。

②以設定成中溫乾燥的熨斗，進行壓燙。

③待完全冷卻後，將紙張撕下。

④防水材質黏貼前（左）。黏貼後（右）。

# 製作小技巧

**裁剪**

除可以布剪來裁剪布料，使用裁割刀也可以快速又工整地進行直線布片的切割。

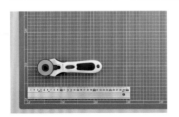

①備妥裁割刀、裁布墊及切割尺等工具。

②附止滑墊的切割尺，可於裁布時有效避免布料滑動。

③將裁割刀直立對齊切割尺後，以向前滾動方式進行切割。

**珠針固定方式**

珠針方向要與縫線對成直角，並依照下列數字標示依序進行固定。

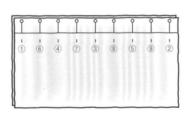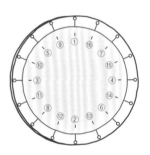

完成後的縫線

**必學縫紉用語**

（正面）（背面）

布片正面相對

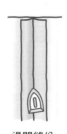燙開縫份

0.2～0.3cm 車邊

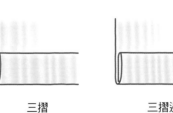三摺　三摺邊

縫合返口，或無法使用縫紉機時運用。

**手縫**

起步──以針來打結

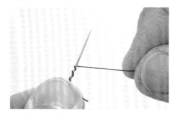

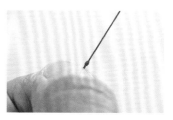

①將線在針上纏繞幾圈。　②以食指及大拇指將圈起的線壓　③打結完成。
　　　　　　　　　　　　　　住後，將針抽出。

起步──以手指來打結

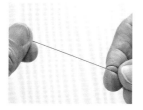

①將線在食指上纏繞一圈。　②食指往箭頭方向滑動，　③以食指及大拇指將線圈　④打結完成。
　　　　　　　　　　　　　將線捲起。　　　　　壓住後，向外抽出。

平針縫　　　　　　　　　回針縫　　　　　　　　　藏針縫

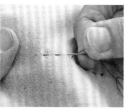
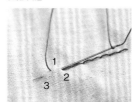

間隔0.3至0.4cm的距離，一上一下的縫製。

一針縫完後，再回到上一個出針處。因類似縫紉機的縫法，所以也適合用來取代車縫。

①適用於返口的縫合。在開口的一側縫一針。

②在對應的開口另一側再縫一針，並重複執行作法①至②。

結束──收針打結

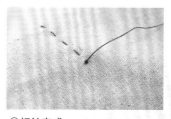

①以手指將針壓在縫線最後一針的位置，並將線在針上纏繞2至3圈。

②將纏繞圈起的線壓住後，將針抽出。

③打結完成。

# 花布包

〔附小包托特包〕

磁釦全都貼上後

〔花布包〕

●完成尺寸
　寬42cm×長22cm×側身14cm×提把38cm

●材料
　布料　袋身　裡袋　寬88cm×長60cm
　貼邊、提把　寬48cm×長40cm
　布襯　寬44cm×長76cm
　寬2cm的棉質膠帶　　40cm×2條
　直徑1.5cm的磁釦　2組
　底板 寬27.5cm×長13.5cm（剪去邊角）

〔小包包〕

●完成尺寸
　寬20cm×長12cm×側身4cm×提把30cm

●材料
　布料　袋身　寬30cm×長32cm
　裡袋　寬26cm×長30cm
　布襯　寬26cm×長30cm
　18cm的拉鍊　1條

（托特包）

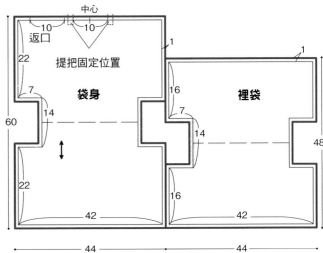

提把

磁釦固定位置
中心

1　　　2.5
8　6 貼邊 2.5
8　6　　　42

40

2 2
4

44

12

## 1. 裁剪布料

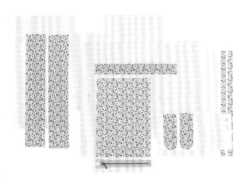

① 以鉛筆或記號筆，直接將
圖形描繪好之後，剪下。
② 在布料的背面，也以粉筆
畫好縫線位置。（如需貼上
布襯，則貼妥再畫）

〔小包包〕

側身的紙型
請見P.81。

提把　側身　13.5

袋身　32　側身固定位置　0.5　2　13.5

30　28　20

├── 21 ──┤├ 4 ┤├ 5 ┤

側身的紙型
請見P.81

提把　側身　13

裡袋　側身固定位置　0.5　2　13

30　28　20　0.5

├── 21 ──┤├── 5 ──┤

## 2. 製作提把

0.2

① 將提把兩端往內摺0.5cm，中間擺上棉
質膠帶，於距邊0.2cm處進行車縫。

1

② 製作兩條提把。

## 3. 貼上布襯

① 在袋身及貼邊貼上布襯。

## 4. 安裝提把

0.5

袋身
（正面）

15

10

15

① 將提把與袋身正面相對，進行車縫。

## 5. 製作袋身

① 縫合袋身兩側，燙開縫份，並縫合側
身。（參閱P.47）

## 6. 製作裡袋

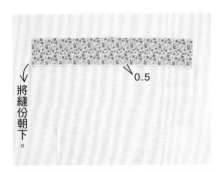

①將表袋及貼邊正面相對，並將縫份朝下進行車縫。

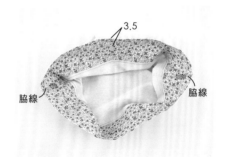

②縫合兩側，燙開縫份，並縫合側身。（參閱P.47）在四個位置安裝磁釦。（參閱P.19）

## 7. 縫合表袋&裡袋

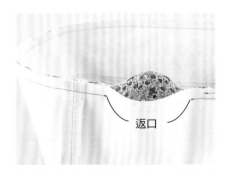

①將表袋&裡袋對齊，預留返口進行車縫。

## 8. 製作小包包

①為袋身與側身貼上布襯。

## 9. 袋身裝上拉鍊

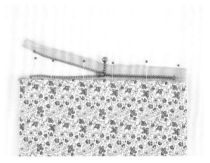

①將袋身開口處的縫份摺妥，放上拉鍊，插入珠針。

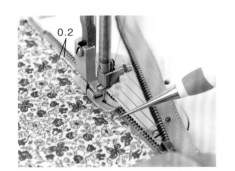

②翻回正面整妥，以熨斗熨燙，並讓裡袋露出0.5cm。於0.5cm處進行車縫。依個人喜好放入底板。

②將拉鍊頭下拉到中間，進行車縫。

③稍作車縫後，將拉鍊頭往上拉繼續車縫。

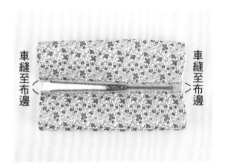

④另一側也以相同方法縫製。

## 10. 製作袋身

①摺妥側身縫份，於距邊0.5cm處進行車縫。

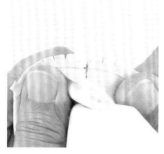

②在袋身側身的圓弧處，剪出0.2cm的牙口備用。

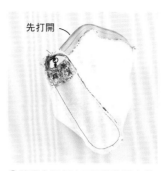

先打開

③將袋身與側身正面相對進行縫合。（此時先把拉鍊拉開）

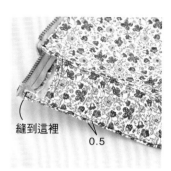

縫到這裡
0.5

④翻回正面，抓住側身進行車縫。

## 11. 製作裡袋

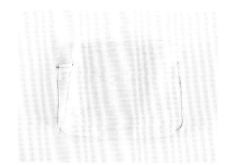

①縫合方式與袋身相同。

比縫線稍往內側

②於側身縫線內側約0.2cm處進行車縫。

## 12. 製作提把

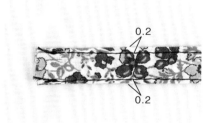

0.2
0.2

①四摺之後車縫兩端。（參閱P.33）

## 13. 安裝提把

將提把縫製於內側縫線處

①將提把縫製於側身，要先從拉鍊下止側開始安裝。

②另一側也以相同方式縫妥。

## 14. 安裝裡袋。

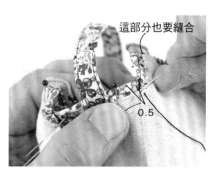

這部分也要縫合
0.5

①摺好裡袋的袋口，放入袋身進行縫合。

# 花布包

〔長方形托特包〕

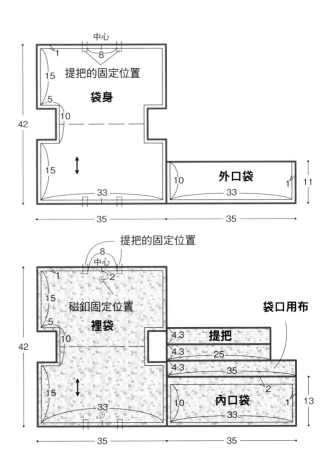

中心
1
8
提把的固定位置
15
袋身
5
42
10
15
33
35
外口袋
10
33
1
11
35

提把的固定位置
8
中心
1
2
磁釦固定位置
15
裡袋
5
42
10
袋口用布
4.3 提把
4.3 25
4.3 35
2
15
内口袋
10
33
1
13
33
35
35

## 1．裁剪布料

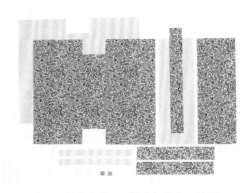

●完成尺寸
　寬33cm×長15cm×側身10cm×提把23cm

●材料
　布料　袋身、外口袋　寬70cm×長42cm
　裡袋、內口袋、提把用布、袋口用布　寬70cm×長42cm
　布襯　寬35cm×長42cm
　寬2cm的人字斜紋帶　25cm×2條
　直徑1.2cm的手縫磁釦　1組

①以鉛筆或記號筆直接將圖形描繪好之後，剪下。
②在布料的背面，也以粉筆畫好縫線位置。（如需貼上布
　襯，則貼妥再畫）

## 2．貼上布襯

①將布襯貼於袋身。

## 3．製作提把

（背面）

①中間畫一條線，將兩側布料往線的方向摺，接著再對摺。

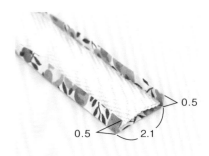

0.5
0.5 2.1

②將人字斜紋帶夾在中間。

## 4．製作外口袋

0.1

③於0.1cm處進行車縫，製作兩條提把。

與線條平行
（先行縫合）

距畫線稍遠
（之後縫合）

①先製作袋口用布。在用布的中間畫一條線，將兩端往畫線方向摺。沿線條摺疊側先縫合。

②再將離畫線稍遠側縫合。

外口袋
（正面）

③將先縫合那一側的袋口用布，與上外口袋正面相對，於摺線車縫。

外口袋
（正面）

④將袋口用布摺往背面，從正面插入珠針。

（正面）

（背面）

拷克

⑤車縫口袋用布的布邊。下方已拷克的縫份往內摺。

## 5. 製作袋身

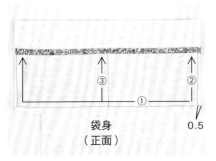

①將外口袋（正面）放在袋身（正面），進行車縫。

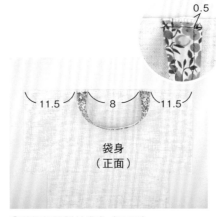

袋身
（正面）

②將提把縫製於袋身（正面）。

③正面相對重疊車縫兩側，燙開縫份，並縫合側身。（參閱 P.47）翻回正面稍作整理。

## 6. 製作內口袋

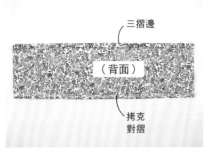

三摺邊

（背面）

拷克
對摺

①上緣摺成1cm的三摺邊（參閱P.10）後車縫，下緣則是拷克後對摺備用。

## 7. 製作裡袋

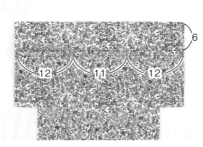

①將內口袋（正面）置於裡袋（正面）上，與製作外口袋相同作法縫製，車縫成三格。

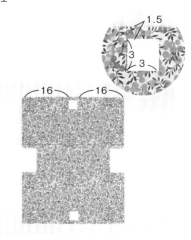

②在安裝磁釦處的背面，先貼上3cm×3cm的布襯。

③縫製磁釦。

④將正面相對重疊，縫合兩側，燙開縫份，並縫合側身。（參閱P.47）

## 8. 縫合袋身與裡袋

①摺妥裡袋袋口的摺份並對齊，於距邊0.2cm處進行車縫。

### 磁釦安裝法

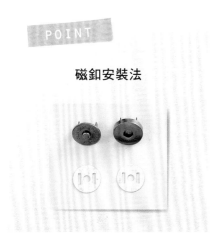

1. 將磁釦的底座對齊安裝位置，在兩個長形小孔處標註記號。

2. 以剪刀剪開記號處。

（背面）

（正面）

3. 將磁釦的腳釘由正面穿至背面。

4. 將底座套入腳釘。

5. 以鉗子將腳釘往外摺壓。

6. 以襠布包住腳釘，再以平口鉗壓平腳釘。

裝上了磁釦，作品完成度即刻倍增，一定要試著挑戰一下喔！

# 花布包

〔方形提袋〕

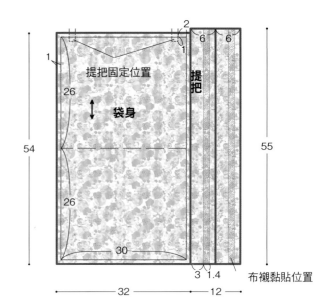

提把固定位置

袋身

提把

2
1
6    6

1

26

54

26

30

55

3  1.4

布襯黏貼位置

32        12

●完成尺寸
　寬30cm×長26cm×提把53cm

●材料
　布料　袋身、提把　寬44cm×長55cm
　裡袋、口袋　寬54cm×長54cm
　布襯　寬34.8cm×長55cm
　直徑1.2cm的暗釦　1組

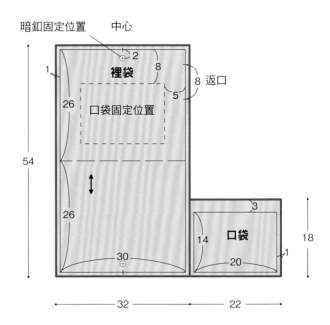

暗釦固定位置　　中心

裡袋

口袋固定位置

返口

2
8

8
5

1

26

54

26

30

口袋

3
14
20
18
1

32        22

## 1．裁剪布料

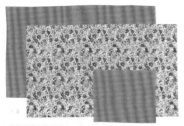

在布料上以鉛筆或是記號筆，直接將圖形描繪好，剪下。
在布料背面，也以記號筆畫好縫線位置。（如需貼上布襯，則貼妥再畫）

## 2．貼上布襯

①裡袋貼上布襯。

## 3．製作口袋

①在兩端與下端三邊進行拷克，上端則摺成三摺邊（參閱P.10）。

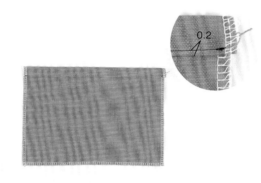

②車縫上端。

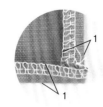

③兩端先往內摺，接著將下端往內摺，將三邊都摺起來。

④車縫三邊。

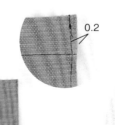

若使用布料屬非伸縮材質，則不需車縫三邊，直接把它縫在裡袋即可。

## 4. 安裝口袋

①將口袋疊放在裡袋上，以珠針加以固定。

②三邊車縫。

③安裝暗釦。

## 5. 製作提把

①摺成四摺。（參閱P.33）將布料正面對摺。

②往對摺線再摺一次。

③貼上寬1.4cm的布襯，以縫份包摺起來。另一邊也同樣包摺。

## 6. 將提把縫於袋身

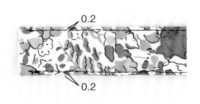

④車縫兩邊。

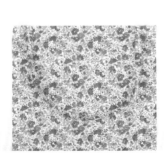

①將提把縫於袋身（正面）。

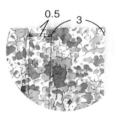

POINT..

將提把的對摺線朝外，會更好看。

## 7. 縫合表袋&裡袋

①將表袋及裡袋正面相對，車縫袋口的部分。

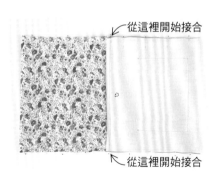

從這裡開始接合

從這裡開始接合

②再對摺一次，讓縫份倒往袋身，對齊兩側，插上珠針。

③自表袋及裡袋的交界處車縫袋底。

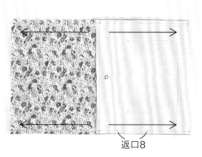

返口8

④保留返口，進行車縫。

分四次進行縫製，留意開口的部分需對齊。

⑤自返口翻回正面。

## 8. 手縫返口，車縫袋口

①以藏針縫縫合返口。（參閱P.11）

②將裡袋裝入袋身並整理袋形。

0.5

③車縫袋口。

# 花布包

〔束口袋〕

● 完成尺寸
　寬24cm×長21cm×側身6cm

● 材料
　布料　袋身　寬26cm×長50cm
　裡袋　寬26cm×長37cm
　貼邊、棉繩、垂飾 寬32cm×長50cm

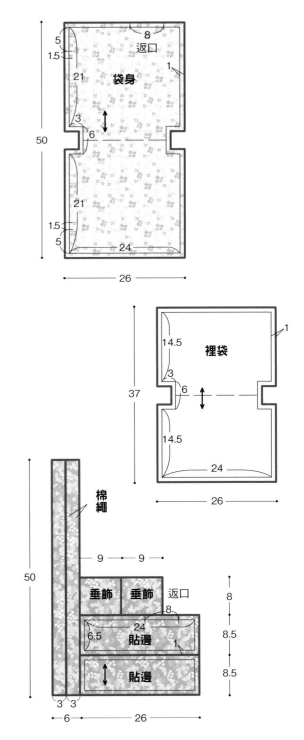

袋身

8
返口
5
1.5
21
袋身
1
3
6
50
21
1.5
5
24
26

裡袋

14.5
裡袋
1
3
6
37
14.5
24
26

棉繩
9　9
垂飾　垂飾　返口
50
8
8
24
6.5　貼邊　1
8.5
貼邊
8.5
3 3
6　26

## 1. 裁剪布料

①在布料上以鉛筆或記號筆，直接將圖形描繪好，剪下。在布料背面，也以記號筆畫好縫線位置。

## 2. 製作袋身

①縫合兩側，燙開縫份，並縫合側身。（參閱P.47）

## 3. 製作裡袋

將縫份朝下

0.2

①將裡袋及貼邊縫合，將縫分朝下進行車縫。以相同方式縫合另外一邊。

6

保留
1.5

②預留穿繩孔，車縫兩側，燙開縫份，並縫合側身。（參閱P.47）

## 4. 製作棉繩

★為使讀者容易了解，故以白色布料製作。

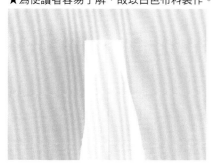

①四摺成四褶。（參閱P.33）

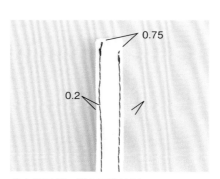

0.75

0.2

②車縫兩端。製作兩條棉繩。

此款束口袋的穿繩孔，位於裡側。

## 5．縫合表袋&裡袋

①將表袋及裡袋的袋口對齊，預留返口進行車縫。

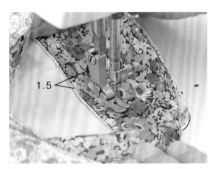

②從返口翻回正面，車縫袋口。先車縫貼邊與裡袋的交接處，再沿著距邊1.5cm處車縫一周。

③將穿繩孔上下縫合。

## 6．穿入棉繩

①使用穿繩器，將棉繩穿入孔內。

②將棉繩穿一圈之後，從入口抽出。

③在棉繩尾端打上一個結。

④在步驟①的另一側，穿入第二條棉繩。

⑤穿一圈之後，從入口抽出。

⑥棉繩為雙拉型。

## 7．安裝垂飾

★為使讀者易於了解，故使用白色的布料製作。

①正面相對縫合，燙開縫份。

②讓上下對合，抓住布身後翻面，作成兩摺。

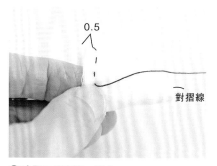

0.5

對摺線

③重疊兩片布邊，縫合。

④將繩結穿入步驟③，抽緊拱縫處，穿刺繩結數次加以固定。

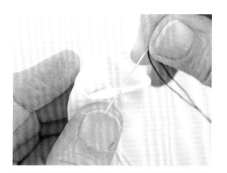

⑤將步驟④翻面之後，以縫針稍微挑起針腳。

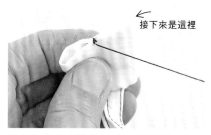

接下來是這裡

⑥將對角的布邊稍加挑起並抽緊，縫兩針。

⑦將另一側布料中間挑起，刺入步驟6，再從對側穿出，縫兩次。

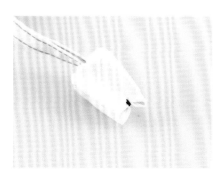

⑧完成垂飾。

# 花布包

〔口金化妝包&口金包〕

0.5

袋身 14

2.5
5

29

18

19

袋身、裡袋的紙型請見P.81。

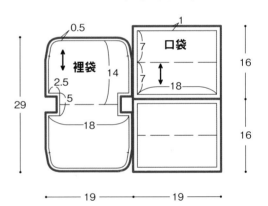

0.5 1

裡袋 口袋 14

7

2.5 7 口袋
5 18 16

29

18 16

19 19

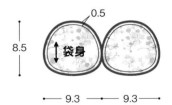

0.5

袋身

8.5

9.3 9.3

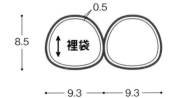

0.5

裡袋

8.5

9.3 9.3

袋身、裡袋的紙型請見P.81。

〔口金化妝包〕

●完成尺寸
寬18cm×長12.5cm×側身5cm

●材料
布料　袋身　寬19cm×長29cm
裡袋、口袋　寬38cm×長32cm
布襯　寬19cm×長29cm
口金　18cm
紙繩　21.5cm×2條
白膠、強力接著劑

〔口金包〕

●完成尺寸
寬8.3cm×長8.5cm

●材料
布　袋身　寬19cm×長8.5cm
裡袋、口袋　寬19cm×長8.5cm
布襯　寬19cm×長8.5cm
口金　6cm
紙繩　6.6cm×2條
白膠、強力接著劑

## 1. 裁剪布料

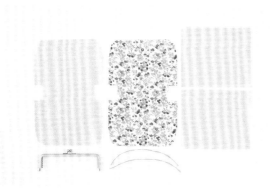

①布料上以鉛筆或記號筆直接
　將圖形描繪好之後，剪下。
②在布料的背面，也以粉筆
　畫好縫線位置。（如需貼上
　布襯，則貼妥再畫）

## 2. 貼上布襯

①在袋身貼上布襯。

## 3. 製作袋身

①正面相對，以珠針固定。兩側車縫至止
　縫點。

②以熨斗燙開縫份。

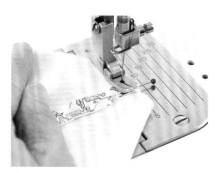

③車縫側身。

④完成袋身。

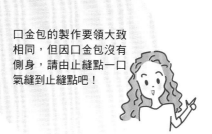

口金包的製作要領大致
相同，但因口金包沒有
側身，請由止縫點一口
氣縫到止縫點吧！

## 4. 製作口袋

①將口袋用布正面相對，進行車縫。

②翻回正面。

③以熨斗加以整燙，製作兩片。

## 5. 安裝口袋

①在口袋用布下方0.2cm處車縫，放入裡袋，別上珠針固定。

②先車縫四周。

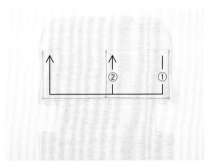

③接著車縫分隔線。

④以相同方式，安裝另一側的口袋。

## 6. 製作裡袋

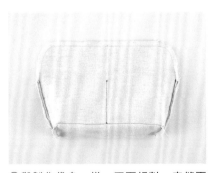

①與製作袋身一樣，正面相對，車縫兩側、燙開縫份，並車縫側身。

②翻回正面整理。

## 7．縫合表袋＆裡袋

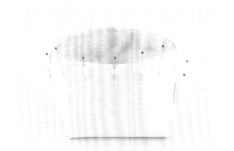

①將表袋及裡袋正面相對，以珠針固定。

②先車縫單側。

③另一側預留返口，進行車縫。

④安裝口袋。

⑤袋口以熨斗整燙。

⑤車縫袋口。

## 8．安裝口金

①以白膠將紙繩貼在袋口。

②將強力接著劑擠入口金的溝槽。

③以錐子從中推入。若接著劑溢出，請立即擦拭乾淨。等到接著劑乾透之後，以鉗子旋緊口金的根部。

# 扁包

〔基本款〕

●完成尺寸
寬28cm×長33cm×提把35cm

●材料
布料：寬50cm×長76cm

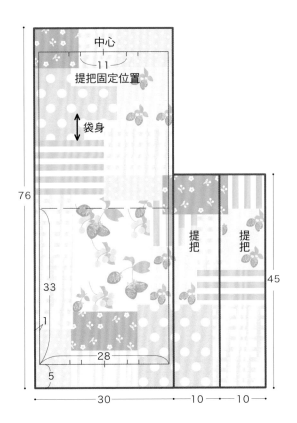

中心
11
提把固定位置
袋身
76
33
1
28
5
提把
提把
45
30
10
10

## 1. 裁剪布料

①以鉛筆或粉筆直接將圖形描繪好，剪下。
②在布的背面，也以粉筆畫好縫線位置。

## 2. 製作提把

①先對摺再對準摺線，並將一側向內摺入。

②另一側也以相同方式摺入。

③最後再對摺一次。

④以珠針固定後，以錐子將布料一邊壓住，一邊在0.2cm處直線車縫。

0.2

0.2

⑤將提把另一側也車縫好後，以熨斗燙平。共製作兩條提把。

提把除可運用此處介紹的方法縫製外，也可以襯布黏合的方式來製作。

## 3. 安裝提把

（正面）

5

①以珠針將提把固定在袋身上，並測量從袋口開始5cm的車縫長度，將提把兩端縫上。

②在袋身另一端，也以相同方式縫上提把。

POINT......

使用縫紉機時，車縫的起針與收針都務必再來回縫幾針加以固定，線頭才不會脫落！

## 4. 縫製袋身兩側

①將袋身的布料正面朝上對摺，並以珠針將兩側對齊固定。

②將兩側縫合後，以Z字形車縫處理布邊。

③將縫份摺向一邊，並以熨斗整燙。

## 5. 袋口平摺

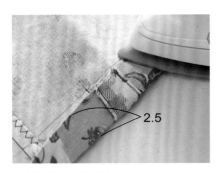

①先將袋口向內平摺一次。

②再向內平摺一次後，即完成三摺。

每縫完一個步驟，就以熨斗進行整燙，雖然有些麻煩，但卻是可以讓成品更好看的小技巧喲！

〔長提把扁包〕

●完成尺寸
寬28cm×長33cm×提把54cm

●材料
布料：寬50cm×長76cm
＊提袋袋身的尺寸圖請參見P.32

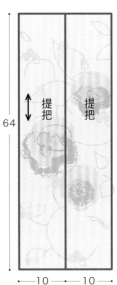

提把　提把

64

←10→←10→

## 6. 縫製袋口

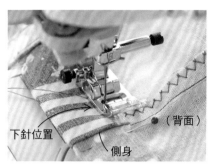

下針位置
側身
（背面）

①從提袋內側、接近側身縫線的位置開始下針。

0.2

②於袋口車縫一圈。

③袋口邊緣也要車縫。

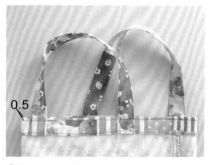

0.5

④將袋口邊緣車縫一圈後，即完成。

若布料較厚，
側身會變得不容易車縫。
建議可從比較不明顯
的位置開始下針！

## 7. 翻回正面與調整

①以手將摺起的縫份壓住固定。

②同時將提袋翻回正面。

③以錐子挑出布角及調整。

# 扁包

〔附口袋扁包〕

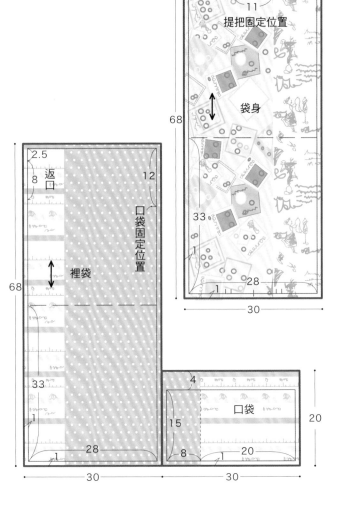

**中心**
11
提把固定位置

68 袋身

12
口袋固定位置

33

1 28

30

2.5
8 返口

68 裡袋

33

1

1 28 1

30

4

15 口袋 20

8 1 20

30

翻面又是一種新風格…

●**完成尺寸**
寬28cm×長33cm×提把36cm

●**材料**
表袋：寬30cm×長68cm
裡袋：寬60cm×長68cm
皮革提把：寬1.2cm×長40cm（2條）

## 1. 裁剪布料

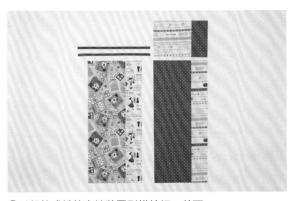

①以鉛筆或粉筆直接將圖形描繪好，剪下。
②在布的背面，也以粉筆畫好縫線位置。

## 2. 將口袋縫於裡袋上

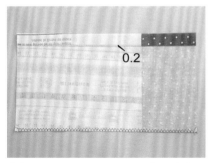

①將口袋的縫份摺三褶後，車縫（參見 P.10）。底端以Z字形車縫處理布邊。

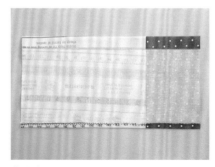

②將底端縫份向上摺好。

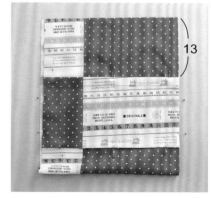

③將口袋對齊後，以珠針固定。

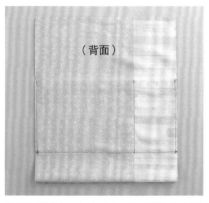

（背面）

④將口袋依底端→兩側→分隔線的順序車縫好。

⑤袋身翻至正面的樣式。

本書中已標示提把與口袋的位置，但你也可以自行決定更適合的位置。

## 3. 縫合表袋 & 安裝提把

①將皮革提把疊放在表袋正面距離袋口超出1cm處，再從距離袋口0.5cm處來回車縫固定。

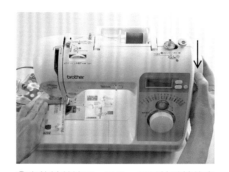

②皮革材質較硬，因此，可以轉手輪的方式一針一針慢慢地縫。

③在表袋另一端，也以相同方式縫上提把。

## 4. 縫合袋口

①將表袋及裡袋正面相對，並將袋口對齊後，以珠針固定。

②將兩端的袋口都車縫起來。

## 5. 縫合袋身兩側

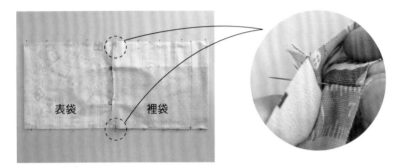

表袋　裡袋

①袋口如圖所示調整後，先確認袋口已對齊，再以珠針固定。

裡袋

表袋

②將袋口的縫份摺向表袋後，從裡袋的邊緣開始將表袋車縫起來。

返口
8　2.5

③裡袋的側身須留下8cm的返口。

為了不讓袋口留有縫隙，務必從此位置開始車縫哦！

## 6. 拉出表袋 & 縫合返口

①由返口將表袋拉出。

②小心慢慢地拉。

③將返口以熨斗整燙一下。

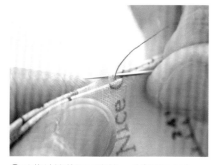

④以藏針縫將返口密縫。（參見P.11）

建議選擇使用與
布料同色系的縫線，
進行藏針縫。
（參見P.11）

## 7. 推入裡袋 & 車縫袋口

①將裡袋推入，並整理袋底的布角。（參見P.35）

②從表袋正面將袋口邊緣車縫一圈。皮革提把的部分，以轉手輪的方式一針一針慢慢地縫。

# 扁包

〔防水扁包〕

●完成尺寸
寬28cm×長33cm×提把35cm

●材料
防水布料：寬60cm×長80cm
（布料若有花案拼接的需要，
請參見P.07調整尺寸）
滾邊條：寬0.8cm×長40cm
0.5cm寬的雙面膠

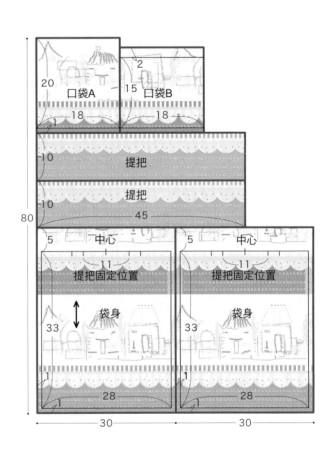

口袋A  20  18  1
口袋B  2  15  18
提把  10
提把  10  45
80
中心  5  11  提把固定位置
袋身  33
28  1
30
中心  5  11  提把固定位置
袋身  33
28  1
30

## 1. 裁剪布料

①以鉛筆或粉筆直接將圖形描繪好，剪下。
②在布的背面，也以粉筆畫好縫線位置。

## 2.製作口袋

①在口袋B的縫份上端貼上雙面膠。

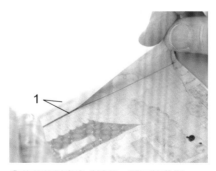

②將縫份對齊完成線後,摺下並黏好。

③將縫份再往內摺一次,並以長尾夾固定後,在距邊0.8cm處(沒有雙面膠之處)車縫。

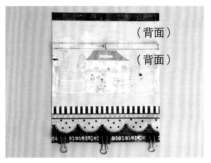

④將口袋A的背面對齊疊於作法③的口袋上,並以長尾夾固定。

⑤在距邊1cm的位置車縫後,將兩片口袋反摺成正面重疊。

⑥將口袋兩側及底端繼續車縫完成。

⑦以長尾夾將滾邊條固定在口袋兩側。

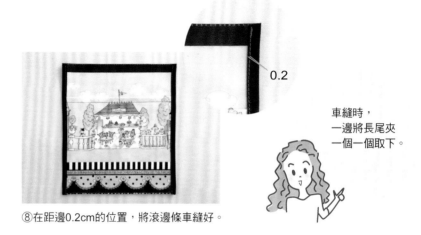

⑧在距邊0.2cm的位置,將滾邊條車縫好。

車縫時,
一邊將長尾夾
一個一個取下。

41

## 3. 製作提把

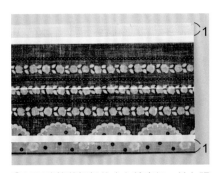

①以記號筆將提把的中心線畫好，並在距邊1cm的位置貼上雙面膠。

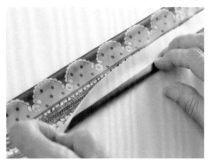

②將兩個長邊向中心線摺起，並黏好。

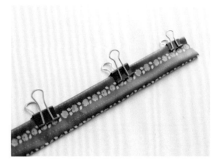

③再次對摺後，以長尾夾固定。

## 4. 安裝提把 & 縫合袋身

④在距邊0.2cm的位置進行車縫。

①在提把中央貼上一條5cm的雙面膠。

②將提把黏在袋身的正面，並在提把兩端各車縫5cm加以固定。另將袋身的兩側及底端也一併車縫完成。

## 5. 縫製袋口

①將袋口縫份向內摺三褶（參見P.10），並在第二摺時，將已完成的口袋夾入後，以長尾夾固定。

②先在距邊0.2cm處將袋口車縫一圈，再於距邊0.5cm處車縫一圈，加強固定。

避免將雙面膠貼在有縫線的位置，以免車縫時，車針會黏黏的。

# 扁包

〔加襯圓弧角扁包〕

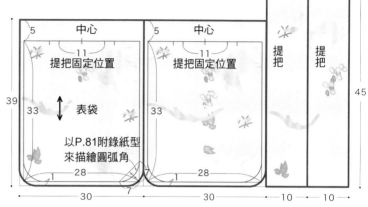

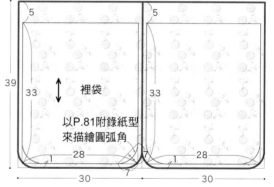

●完成尺寸
　寬28cm×長33cm×提把35cm

●材料
　布料：
　（表布）寬82cm×長45cm
　（裡布）寬62cm×長41cm
　雙膠棉：寬62cm×長41cm
＊為避免使用棉襯後布料收縮，製
　作時要多預備一些布料。

1.袋身部分，先裁好寬62cm×長41cm的表布及裡布，
　再以雙膠棉將表布及裡布黏合。（參見P.8）
2.依圖示裁剪布料。
3.其他步驟與基本款扁包作法相同。（參見P.32至P.35）

# 休閒包

〔蛋糕提袋〕

中心
12
提把固定位置
表袋
↕
82
10
20
18
10
30
1
40
42 — 10 — 10
提把
提把
40

裡袋
↕
82
10
20
18
10
30
1
40
42

保溫保冷襯
↕
6
25
82
10
20
18
9
1
25
2
38
2
6
42

## 1. 裁剪布料

● **完成尺寸**
　寬40cm×長30cm×底寬20cm×提把36cm
　（保溫保冷裡袋）寬20cm×長20cm× 高15cm

●**材料**
　布料：（表布）寬62cm×長82cm
　　　　（裡布）寬42cm×長82cm
　保溫保冷襯：寬42cm×長82cm
　斜紋綾綢織帶：寬0.9cm×長30cm（4條）
　0.5cm寬的雙面膠

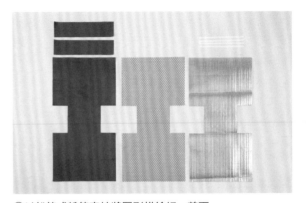

①以鉛筆或粉筆直接將圖形描繪好，剪下。
②在布的背面，也以粉筆畫好縫線位置。

## 2. 製作袋身

①兩側以珠針固定好後，車縫。

②以熨斗將縫份燙開。

③將袋底車縫。（參見P.47）

④由袋口取1cm縫份向內摺後，以熨斗燙平。將提袋翻回正面，並以錐子將袋底的布角整理好。（參見P.35）

## 3. 製作提把

①提把完成後（參見P.33），將它置於袋口下2cm處，並在距離袋口0.5cm處車縫固定。

## 4. 製作裡袋

①以同樣方式完成裡袋的製作。

## 5. 縫合表袋 & 裡袋

①將裡袋放入表袋後，以珠針將兩邊袋口固定。珠針之間的距離不要太大。

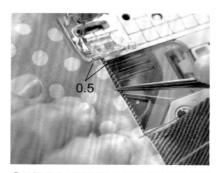

②從提袋內側接近側身縫線的位置開始下針，在距離袋口0.5cm處車縫一圈。為避免裡袋移動，車縫時，可以錐子壓住布料。

③在距離袋口1.5cm處，再車縫一圈，加強固定。

## 6. 製作保溫保冷裡袋

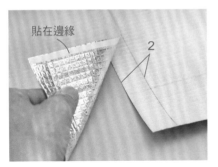

①以雙面膠將保溫保冷襯的兩側黏合。

②黏貼時，請勿摺到保溫保冷襯。

③在距邊0.3cm處車縫固定。

④袋底也以雙面膠黏合。

⑤在距邊1cm處車縫固定。

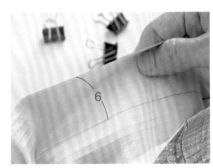

⑥將袋口縫份向內摺，並以長尾夾固定。

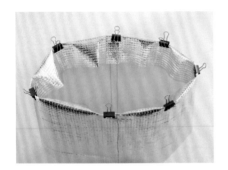

⑦在距離袋口1cm處車縫一圈固定。

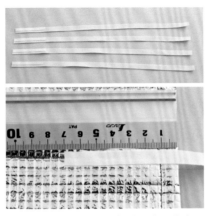

⑧以雙面膠將織帶分別暫時固定在袋身兩側及中間。

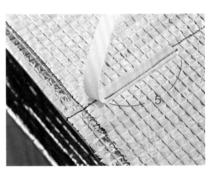

⑨將織帶下端5cm車縫固定。請勿車縫在有雙面膠之處，以免車針變得黏黏的。

# 關於側身

裁剪縫製側身

抓底縫製側身

「裁剪縫製側身」即縫製之初，將側身部分以「コ」字裁剪後縫合；「抓底縫製側身」，即將袋身裁剪為長方形後，車縫，並抓底角縫合側身。
請根據作品或個人喜好，挑選合適的側身！

## 裁剪縫製

①縫合兩側，燙開縫份。

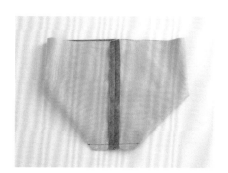

②底線與側線對齊，以珠針固定，車縫。

③底部如圖所示。

## 抓底縫製

①縫合兩側，燙開縫份。

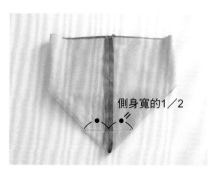

側身寬的1／2

②底線與側線對齊，以珠針固定，再依側身寬，劃一條與側線垂直的線，縫合。

③底部如圖所示。

LESSON

# 休閒包

〔散步用提包〕

〔基本款〕

〔其他花色〕

〔口袋款〕

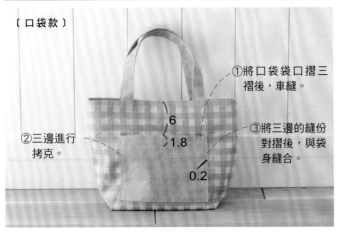

①將口袋袋口摺三褶後，車縫。

②三邊進行拷克。

③將三邊的縫份對摺後，與袋身縫合。

6
1.8
0.2

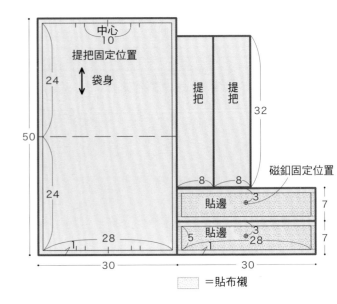

中心
10
提把固定位置
袋身
24
50
24
提把　提把
32
8　8
磁釦固定位置
貼邊　3
貼邊　3
7
5　28
7
1
28
1
30
30

=貼布襯

●完成尺寸
寬28cm×長19cm×側身10cm×提把30cm

●材料
〔基本款〕〔其他花色〕
布料：寬60cm×長50cm
布襯：寬30cm×長10cm
底板：寬17.5cm×長9.5cm
直徑1.2cm的磁釦一組
〔口袋款〕
布料：格子（袋身）寬30cm×長50cm
　　　圓點（貼邊、提把、口袋）寬33cm×長46cm
＊其他材料相同

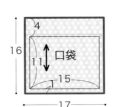

4
16
11　口袋
15
1
17

## 1. 裁剪布料

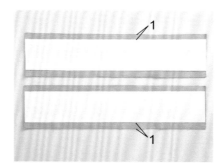

①以鉛筆或粉筆直接將圖形描繪好，剪下。
②在布的背面，也以粉筆畫好縫線位置。

## 2. 準備貼邊及袋身

①將布襯貼於貼邊上。

②在貼邊及袋身兩側拷克。

## 3. 在貼邊安裝磁釦

①在距布襯上方2cm處作記號，決定磁釦中心。

②將磁釦的底座對準中心，在底座兩側孔上標示記號。

③記號標示完成。

④以剪刀剪開記號處。

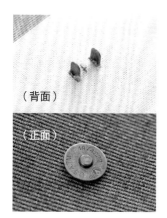

（背面）

（正面）

⑤將磁釦的腳釘插入切口中。

⑥將底座套入腳釘。

⑦將腳釘向外側摺壓。

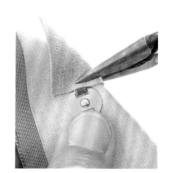

⑧以襠布包住腳釘，再以平口鉗壓平腳釘。

## 4. 縫製貼邊

①在貼邊上安裝磁釦。

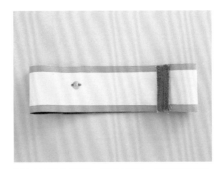

②正面朝內相對，縫合兩側，並燙開縫份。

③摺出下側縫份。

## 5. 縫製 & 安裝提把

①縫製提把（參見P.33），並在袋身距邊
　0.5cm處縫上提把。

## 6. 縫製袋身

①車縫兩側，燙開縫份，並縫合側身。
　（參見P.47）

## 7. 安裝貼邊

①將袋身翻回正面，與貼邊正面相對重
　疊，並以珠針固定。

②縫合後，將貼邊向內摺，並在距袋身少
　於0.2cm處熨燙。

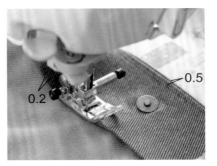

③兩側分別在距邊0.2cm及0.5cm處進行
　車縫。

## 8. 放入底板

①將底板放入袋底（參見P.08）。

# 休閒包

〔托特包〕

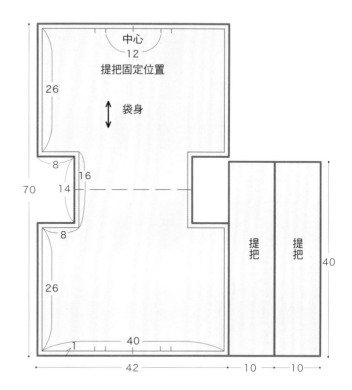

中心
12
提把固定位置

26

↕ 袋身

8
16
70    14

8

26

40
1

42    ── 10 ── 10 ──

提把    提把

40

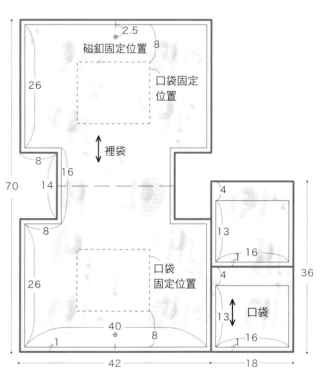

2.5
8
磁釦固定位置

26    口袋固定位置

↕ 裡袋

8
16
70    14

8

26    口袋固定位置

40
1    8

42    ── 18 ──

4
13    16

4
13    口袋    16

36

●**完成尺寸**
寬40cm×長26cm×側身16cm×提把36cm

●**材料**
布料：（袋身）寬62cm×長70cm
　　　（裡袋）寬61cm×長71cm
布襯：寬43cm×長71cm
直徑1.4cm的磁釦一組
＊黏上布襯後，布料會縮小，所以四邊要預留
　大一點。

## 1. 裁剪布料

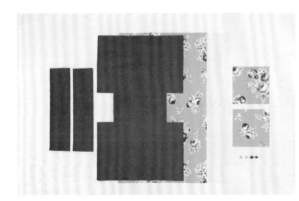

①以鉛筆或粉筆直接將圖
形描繪好,剪下。
②在布的背面,也以粉筆
畫好縫線位置。

裡袋布料以寬
43cm×長71cm
的尺寸粗裁後,
貼上布襯。

## 2. 裁剪裡袋

①將布襯貼於粗裁的布料上,依P.51的圖
形尺寸裁剪。

## 3. 將口袋縫於裡袋上

1.8   1.8

①將口袋袋口摺三摺後(參見P.10),進
行車縫。

②在其餘三邊拷克,並將縫份對摺後,進
行熨燙。

9
13
0.2

③將口袋縫於裡袋上。

## 4. 縫製裡袋

①將袋身兩側車縫後,燙開縫份,並縫製
側身。(參見P.47)

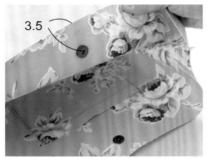

3.5

②在指定位置安裝磁釦。(參見P.49)

③壓平腳釘。將袋口摺出縫份後,並進行
熨燙。

## 5. 縫製 & 安裝提把

①縫製提把。（參見P.33）

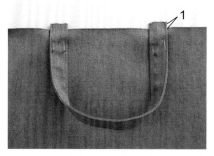

②將提把疊放在表袋正面距離袋口超出
　1cm處，以珠針固定。

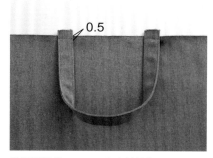

③再從距袋口0.5cm處車縫提把。

## 6. 縫製袋身後， 與裡袋縫合

①與裡袋縫製要領相同，車縫袋身側線及
　側身，並摺疊袋口，放入裡袋。

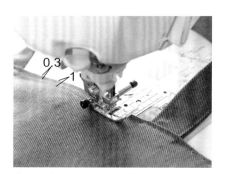

②在距袋口0.3cm及1cm處各車縫一道。

〔酒瓶提袋〕

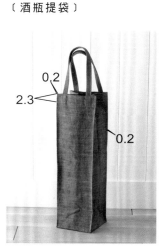

●完成尺寸
　寬12cm×長40cm×
　側身12cm×提把30cm

●材料
　布料：寬38cm×長102cm

1.製作、安裝提把。（參見P.33）
2.縫製側線及側身。（參見P.47）
3.縫製袋口。（參見P.35）
4.整理、縫製袋邊。（參見P.61）

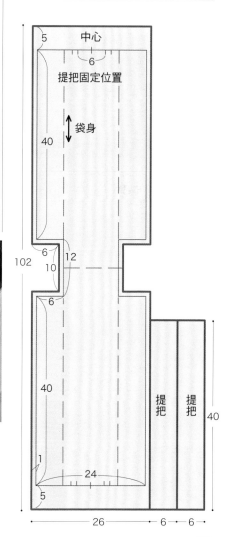

# 休閒包

〔便當提袋＆水壺提袋〕

（便當提袋）

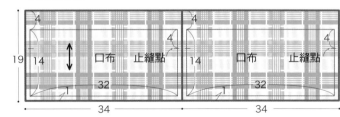

4　　　　　　　　　　　　　4
19　14　口布　止縫點　　14　口布　止縫點
　　　　　　32　　　　　　　　32
　1　　　　　　　　　1
34　　　　　　　　34

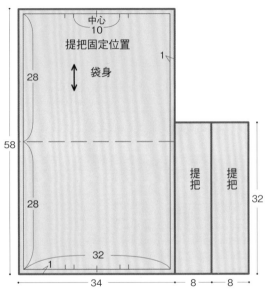

中心
10
提把固定位置
28　袋身　　　　　1
58
28　　　　　　　　　提把　提把　32
32
34　　　　　8　8

（水壺提袋）

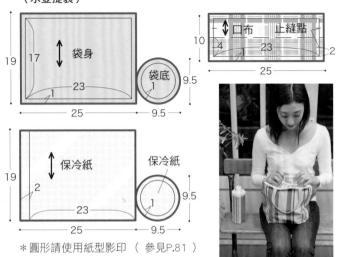

19　17　袋身　　袋底
　　　23　　　1
1　　　　　　　9.5
25　　　9.5

10　口布　止縫點
4　23　　2
25

19　保冷紙　　保冷紙
2
1
23　　9.5
25　　9.5

＊圓形請使用紙型影印（參見P.81）

●完成尺寸
　〔便當提袋〕寬32cm×長22cm×側身12cm×提把30cm
　〔水壺提袋〕直徑7.5cm×長21cm

●材料
　〔便當提袋〕
　布料：（袋身）寬50cm×長58cm
　　　　（口布）寬68cm×長19cm
　底板：寬19.5cm×長11.5cm
　直徑0.3cm的天然色圓狀棉繩80cm（2條）
　〔水壺提袋〕
　布料：（袋身）寬34.5cm×長19cm
　　　　（口布）寬25cm×長10cm
　保冷紙：寬34.5cm×長19cm
　直徑0.3cm的天然色圓狀棉繩40cm、寬0.5cm的雙面膠

〔便當提袋〕

## 1. 裁剪布料

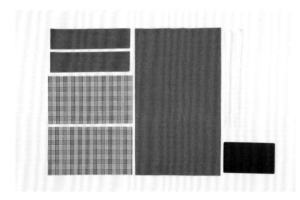

①以鉛筆或粉筆直接將圖形描繪好，剪下。
②在布的背面，也以粉筆畫好縫線位置。

## 2. 縫製 & 安裝提把

0.5

①縫製提把（參見P.33），並將它安裝在袋身上。

## 3. 縫上口布 & 拷克側線

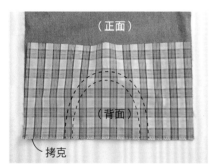

（正面）

（背面）

拷克

①在步驟2上方，將口布正面相對重疊，車縫。再將兩片布料一併進行拷克。

（正面）

0.5

②攤平口布，將其背面縫份倒向袋身一側，車縫袋口。

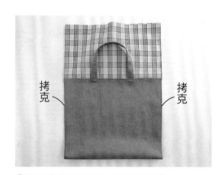

拷克

拷克

③順著袋身及口布，拷克兩側線。

## 4. 縫製側身 & 製作穿繩孔

（背面）

④從口布止縫點開始至袋身車縫兩側線。

12

①燙開縫份，車縫側身（參見P.47），並車縫穿繩孔（參見P.76）。

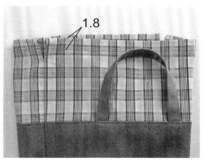

1.8

②將袋口摺三褶（參見P.10）後，車縫，穿過圓狀棉繩（參見P.78），再將底板放入袋底（參見P.08）。

〔水壺提袋〕

## 1. 裁剪布料

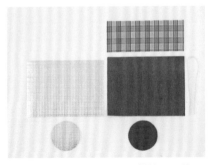

①以鉛筆或粉筆直接將圖形描繪好,剪下。
②在布的背面,也以粉筆畫好縫線位置。

## 2. 拷克布料 & 車縫袋身

①拷克所有用布。

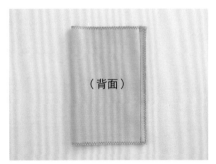

②正面相對重疊,車縫側線,並燙開縫份。

（背面）

## 3. 縫合袋身與袋底

①在袋身底部兩端標示記號。

②拉開袋身,在另兩側袋身底端也分別標
　示記號。

③將袋底與袋身重疊後,以珠針固定。
（參見P.10）

## 4. 車縫口布

④仔細將袋底作圓形車縫,再翻回正面。

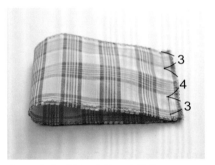

①正面相對重疊,車縫至止縫點。

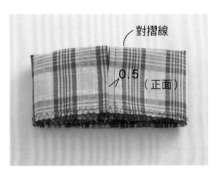

②燙開縫份,並在距邊0.5cm處車縫。翻
　回正面後,對摺。

對摺線
0.5
（正面）

## 5. 縫合袋身與口布

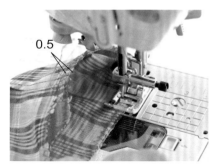

③將口布下側距邊0.5cm處縫合。

①將袋身與口布以珠針固定，並縫合。

②將縫份倒向袋身的一側，從內側距邊0.5cm處開始車縫。

## 6. 穿棉繩

①以安全別針別上圓狀棉繩一端後，穿過抽繩通口。（參見P.78）

## 7. 黏貼保冷紙側面

①在保冷紙側面寬2cm處貼上雙面膠。

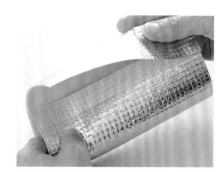

②重疊側面後，黏貼。

## 8. 黏貼保冷紙底部

①將保冷紙底部的縫份剪開牙口，一片一片貼上雙面膠。

②將寶特瓶放入筒中作為芯固定，並黏貼底部。

③在底部與側面的交接處，貼上一圈隱形膠帶，將它放入袋身中，作為保冰的功效使用。

# 迷你旅行袋 & 化妝包

〔基本款〕

〔化妝包〕

〔其他花色〕

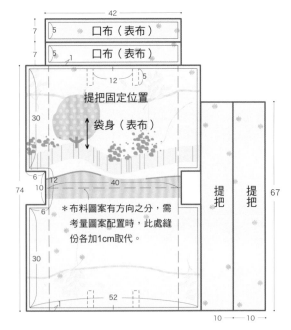

口布（表布）

口布（表布）

提把固定位置

袋身（表布）

提把固定位置

提把　提把

*布料圖案有方向之分，需
考量圖案配置時，此處縫
份各加1cm取代。

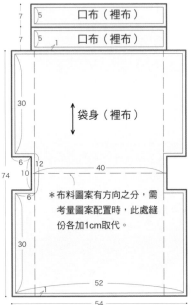

口布（裡布）

口布（裡布）

袋身（裡布）

*布料圖案有方向之分，需
考量圖案配置時，此處縫
份各加1cm取代。

● 完成尺寸
（迷你旅行袋）寬40cm×長30cm×側身12cm×提把55cm
（化妝包）寬20.5cm×長14cm
＊裁布圖及材料、LESSON參見P.80

● 材料
〔基本款〕
（表布）寬75cm×長90cm（需配合圖案時，請參見P.07計算尺寸
（裡布）寬55cm×長90cm、（熨燙式雙膠襯）寬55cm×長90cm
（底板）寬39cm×長11cm、40cm拉鍊（1條）
＊黏上布襯後，布料會縮小，所以四邊要預留大一點。
〔其他花色〕
僅使用表布、（防水布）寬74×長88cm、40cm拉鍊（1條）

58

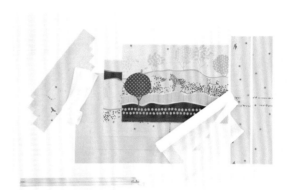

〔迷你旅行袋〕

## 1. 裁剪布料

袋身：以寬55cm×長75cm、口布：以寬43cm×長7.5cm為尺寸，各粗裁兩片後，與裡布以雙膠襯貼合（參見P.08），再依P.58尺寸裁剪。

①以鉛筆或粉筆直接將圖形描繪好，剪下。
②在布的背面，也以粉筆畫好縫線位置。

## 2. 將拉鍊縫於口布上

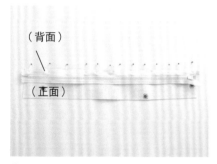

（背面）

（正面）

①將拉鍊置於口布縫份上，以珠針固定。

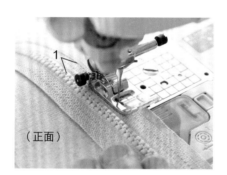

1

（正面）

②在距拉鍊中心1cm處車縫。

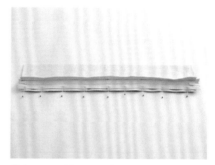

③在另一側的口布上放置作法②的拉鍊，以珠針固定。

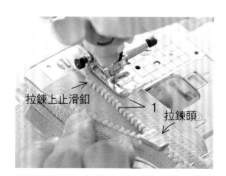

拉鍊上止滑釦

1

拉鍊頭

④從拉鍊的上止滑釦一端開始車縫。當縫紉針刺入始縫點時，將拉鍊頭往下拉。

⑤稍作車縫後，保持縫紉針刺入狀態，並抬起壓腳，將拉鍊頭回拉至上止滑釦處，車縫至末端。

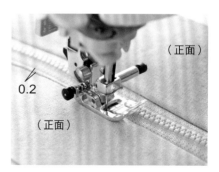

（正面）

0.2

（正面）

⑥在正面距邊0.2cm處車縫。

⑦接近拉鍊頭時，應保持縫紉針刺入狀態，並抬起壓腳，拉動拉鍊頭。

⑧確認含拉鍊的口布部分寬為14cm。

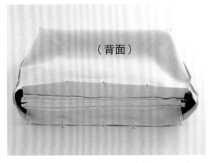

（背面）

①車縫袋身的側線及側身（參見P.47），與口布對齊後，以珠針固定。

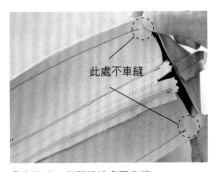

此處不車縫

②車縫時，保留縫份處不車縫。

0.7

③在口布四個邊角上，僅於表布各剪0.7cm的牙口。

④將拉鍊上止滑釦方向的袋身與口布的側面對齊，以珠針固定。

⑤留出拉鍊，其餘部分車縫。

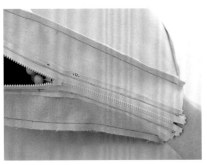

⑥將手伸入另一側，拉下拉鍊頭。

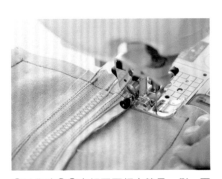

⑦以作法④⑤之相同要領車縫另一側。再翻回正面，整理邊角。（參見P.35）

## 4. 整理 & 縫製袋邊

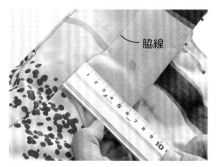

①以布尺確認寬度為6cm，再以珠針固定。

②一邊整理袋邊，一邊以珠針固定。

③袋身正面及另一側皆以珠針固定。

④從袋底距邊0.2cm處開始車縫。

⑤正面車縫完畢。

⑥整理口布部分，並以珠針固定。

⑦在口布的兩端及袋底，也以相同要領車縫。

## 5. 縫製 & 安裝提把

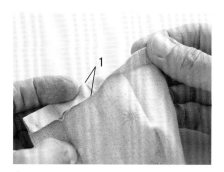

①採P.33相同要領縫製提把，於兩端各內摺1cm。

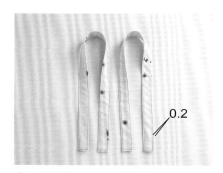

②車縫距邊0.2cm處，縫製提把。

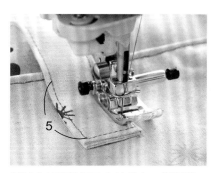

③以珠針將提把固定於袋身，從距袋口5cm處開始車縫兩端。

# 通學必備包

〔手提袋〕

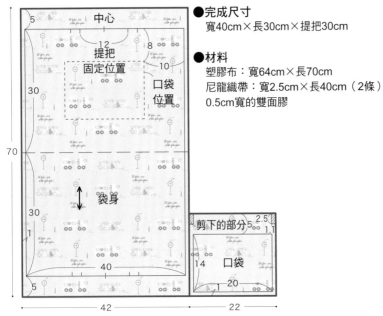

●完成尺寸
寬40cm×長30cm×提把30cm

●材料
塑膠布：寬64cm×長70cm
尼龍織帶：寬2.5cm×長40cm（2條）
0.5cm寬的雙面膠

## 1.裁剪布料

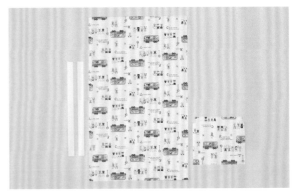

①以鉛筆或粉筆直接將圖形描繪好，剪下。
②在布的背面，也以粉筆畫好縫線位置。

## 2.摺疊口袋

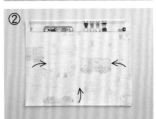

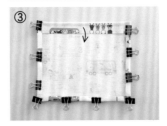

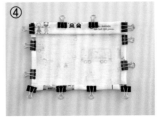

依①～④的順序摺疊。（若為布料，可以熨斗燙摺）
譯注：雖然製作說明中都使用「布」字樣，但本款使用的是塑膠布。

## 3. 車縫 & 安裝口袋

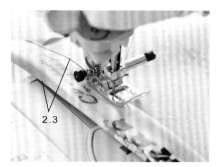

①將長尾夾取下，車縫口袋口。

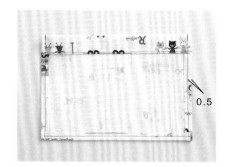

②三摺邊後車縫。

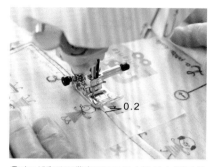

③先以隱形膠帶暫時固定（若是布則可使用珠針固定），再與袋身接縫。

## 4. 安裝提把

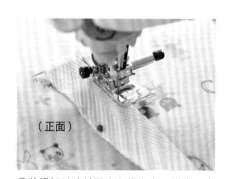

（正面）

①將提把以珠針固定在袋身上，從袋口車縫約5cm。

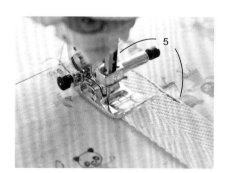

②車縫另一邊的提把。

③提把縫接完成（若是布，則接著拷克袋身兩側）。

## 5. 車縫兩側和袋口

①將袋身正面相對重疊，車縫兩側。

②將袋口摺三褶（參見P.10）後，以長尾夾固定（若是布，則可以珠針固定）。

③從內側先車縫距邊2.3cm處，再車縫距邊0.5cm處。

# 通學必備包

〔室內鞋袋〕

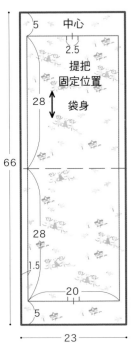

●完成尺寸
寬20cm×長24cm×側身8cm×提把14.5cm

●材料
布料：寬23cm×長66cm
尼龍織帶：
寬2.5cm×長34cm
寬2.5cm×長8cm
2.5cm寬的D型環

## 1. 裁剪布料

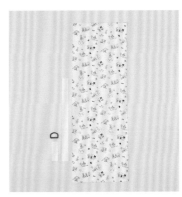

①以鉛筆或粉筆直接將圖
　形描繪好後，剪下。
②在布的背面，也以粉筆
　畫好縫線位置。

## 2. 拷克側身 & 車縫

①拷克兩側。

②正面相對重疊後，車縫，
　並熨開縫份。

## 3. 車縫側身

①抓住底部後，穿入珠針。

②對齊底線後，將珠針穿出再穿入。

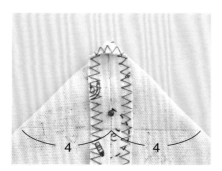

③取好側身尺寸，畫一條與側線垂直的線。

④沿著線車縫。

## 4. 製作提把

①以打火機燒一下尼龍織帶的布邊，以防
　脫線（用火時請務必小心）。

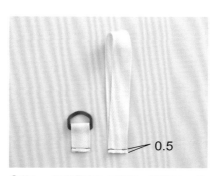

②將8cm的織帶穿入D型環，並將34cm的
　織帶縫成輪狀。

## 5. 摺疊側身及袋口

①摺疊側身，將袋口摺三摺後車縫（參見
　P.10）。

## 6. 車縫袋口 & 安裝提把

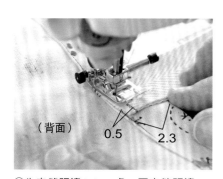

①先車縫距邊2.3cm處，再車縫距邊0.5
　cm處，並縫上提把。

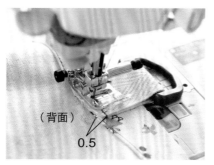

②在另一側距邊0.5cm處，車縫已穿入D
　型環的織帶。

③將袋口連同織帶一起車縫一圈。

# 通學必備包

〔便當袋〕

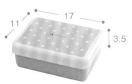

依便當的尺寸製作，
絕不會有不合的問題哦！

● 完成尺寸
　寬18cm×長12cm×側身4cm

● 材料
　布料：寬42cm×長36cm
　布襯：寬22cm×長4cm
　魔鬼氈：寬2.5cm×長5cm

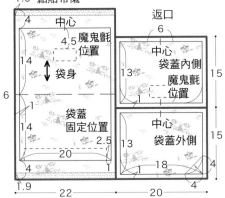

＊附錄紙型處
　有袋蓋的原寸圖
　（參見P.81）

## 1.裁剪布料

① 以鉛筆或粉筆直接將圖形描繪好後，剪下。
② 在布的背面，也以粉筆畫好縫線位置。

## 2.製作袋蓋

魔鬼氈貼有軟、硬兩面，製作時，請分清楚。

① 在袋蓋內側安裝魔鬼氈柔軟的那一面。

② 將兩片布料正面相對重疊，預留返口後，車縫四邊。

③ 翻回正面，拉出袋角後（參見P.35），壓縫四邊。

## 3. 車縫袋身

①在袋身的上下兩端分別黏貼布襯。

②拷克袋身兩側。

③縫上魔鬼氈硬的那一面。

## 4. 車縫袋口

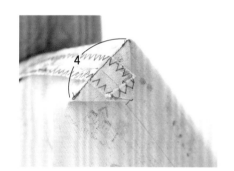

④車縫兩側後，熨開縫份；再抓出側身，車縫，並以熨斗燙摺。

①將袋口摺三褶（參見P.10）。

②車縫袋口一圈。

## 5. 安裝袋蓋

①將袋蓋疊放在覆蓋住袋口縫線處，以珠針固定。

②在袋蓋的針趾上再車縫一遍。

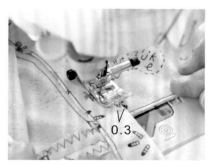

③從內側車縫距邊0.3cm處。

# 通學必備包

〔杯袋〕

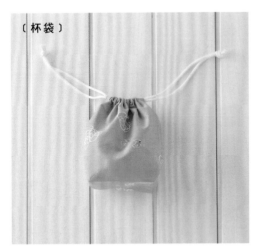

〔運動服袋〕

〔小物袋〕

●完成尺寸
〔杯袋〕寬18cm×長16cm×側身8cm

●材料
〔杯袋〕布料：寬20cm×長46cm
直徑0.3cm的白色圓繩55cm（2條）

〔杯袋〕

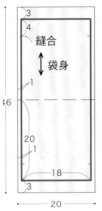

1.裁剪布料後，車縫兩側。（參見P.76）
2.車縫穿繩口。（參見P.76）
3.車縫側身，並穿入圓繩。

①車縫側身後摺疊。

②袋口摺三褶後，車縫距邊
1.2cm處，再穿入圓繩。
（參見P.78）

●完成尺寸
〔運動服袋〕
寬30cm×長35cm
〔小物袋〕
寬22cm×長26cm

●材料
〔運動服袋〕
布料：寬64cm×長40cm
直徑0.3cm的白色圓繩90cm（2條）
〔小物袋〕
布料：寬48cm×長31cm
直徑0.3cm的白色圓繩60cm（2條）

〔運動服袋〕

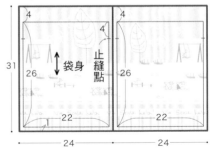

〔小物袋〕

# 袋中袋

〔基本款〕

〔其他花色〕

● 完成尺寸
　寬30cm×長19cm×側身6cm×提把20cm

● 材料
　布料：（表袋、裡袋）寬65cm×長47cm
　　　　（口袋、提把）寬88cm×長42cm
　布襯：寬33cm×長47cm
＊黏上布襯後，布料會縮小，所以四邊要預留
　大一點。

將袋身的布料
粗裁成寬33cm×
長47cm後，
黏貼布襯。

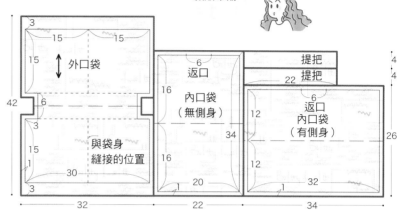

外口袋

內口袋
（無側身）

返口

提把
提把

返口
內口袋
（有側身）

與袋身
縫接的位置

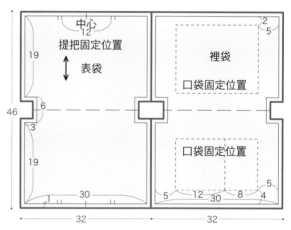

中心
提把固定位置
表袋

裡袋
口袋固定位置

口袋固定位置

## 1. 裁剪布料

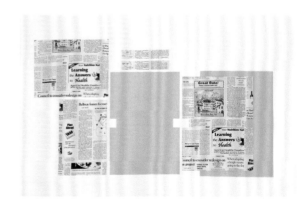

①以鉛筆或粉筆直接將圖形描繪好，剪下。
②在布的背面，也以粉筆畫好縫線位置。

## 2. 製作袋身

①將布襯黏貼於粗裁的袋身背面。

②參見P.69的製圖裁剪。

③外口袋的上下兩側分別摺三褶（參見 P.10）後，車縫。

## 3. 製作提把 & 接縫固定

④將作法③疊放在袋身上，車縫口袋的分隔線。

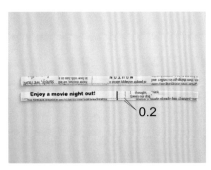

①摺疊提把後，車縫。（參見P.33）

②將提把接縫於袋身固定。

## 4. 縫合袋身

①縫合袋身的側身後，熨開縫份，再車縫側身，並翻回正面。

## 5. 製作內口袋

①預留返口，車縫四邊。

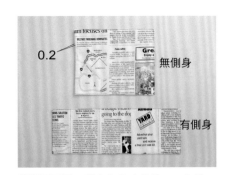

②翻回正面，理出布角（參見P.35）後，壓縫四邊。

## 6. 製作袋中袋

**（無側身）**

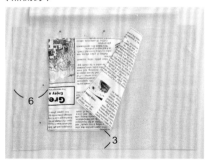

①將無側身的口袋接縫於裡袋上。

**（有側身）**

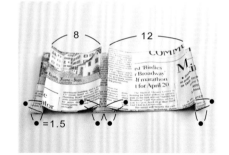

②摺疊有側身的口袋，製作側身。

③ 在作法②中摺疊的八個位置進行壓縫。

## 7. 縫合裡袋

④一邊打開側身，一邊縱向車縫固定。

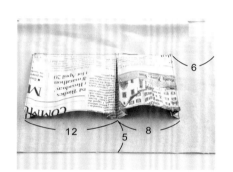

⑤一邊摺側身，一邊車縫固定於裡袋上。

①縫合裡袋的側身，並車縫側身。（參見P.47）

## 8. 接縫袋身與裡袋

①將袋身的袋口縫份倒向內側，裡袋的袋口縫份則倒向外側，彼此重疊。

②接合後，以珠針固定。

③在距邊0.2cm處，車縫袋口一圈。

# 夾口口金包

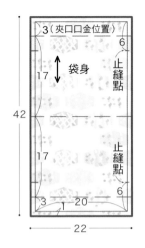
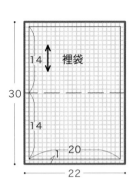

袋身圖示：
3（夾口口金位置）
6
17
袋身
止縫點
42
17
止縫點
6
3
20
22

裡袋圖示：
14
裡袋
30
14
20
22

●完成尺寸
　寬20cm×長15cm×高4cm

●材料
　布料：（表布）寬22cm×長42cm
　　　　（裡布）寬22cm×長30cm
　夾口口金：寬1.5cm×長13cm

## 1. 裁剪布料

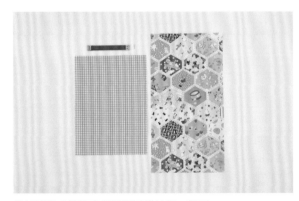

①以鉛筆或粉筆直接將圖形描繪好，剪下。
②在布的背面，也以粉筆畫好縫線位置。

## 2. 縫合表袋及裡袋

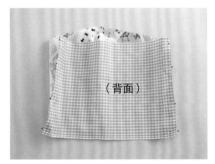

（背面）

①將表布、裡布正面相對後，兩端對齊，
　並以珠針固定。

②兩端車縫。

③縫好後，將縫份摺向裡袋兩側。

## 3. 縫合袋身兩側

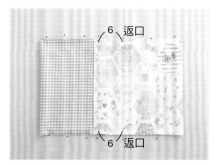

①將表袋重疊摺起，對齊兩側身緣後，以珠針固定。

②從止縫點開始下針，車縫表袋兩側。

③再從表袋與裡袋重疊處開始，將裡袋兩側車縫。

## 4. 縫製袋底

①底部採一般方式縫製出袋底。（參見P.47）

②如圖所示，車縫。

③將四邊抓出袋角。

## 5. 燙開縫份 & 翻回正面

①以熨斗將縫份燙開，袋底也向內摺起。

②由返口翻回正面。

③將袋底的布角略作調整。（參見P.35）

## 6. 縫合夾口口金部分

①將裡袋放入表袋後，兩邊返口對齊，並以珠針固定。

②將袋口四周都以珠針固定後，從內側將表裡袋的接縫處車縫起來。

③連同側身車縫一圈。

④從外側將袋口部分再車縫一次。

⑤在袋口的前後兩片距邊1cm處，分別車縫一遍。

## 7. 放入夾口口金

彈簧頂端

①注意口金的上下方向，將它穿過袋口。

②從另一側穿出。

③將口金夾合後，把螺絲放入洞口內。

④以老虎鉗將螺絲壓入固定。

# 口金包（大・小）

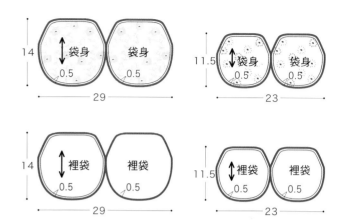

14　袋身　袋身　0.5　0.5
─── 29 ───

11.5　袋身　袋身　0.5　0.5
─── 23 ───

14　裡袋　裡袋　0.5　0.5
─── 29 ───

11.5　裡袋　裡袋　0.5　0.5
─── 23 ───

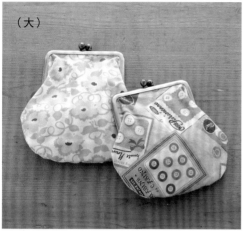

（大）

（小）

＊LESSON是以P.29至P.31示範。

●完成尺寸
（大）寬13.5cm×長13.5cm
（小）寬10.5cm×長11cm

●材料
（大）
布料：
（表布）寬29cm×長14cm
（裡布）寬29cm×長14cm
9cm口金、紙繩16cm（2條）
白膠、強力接著劑

（小）
布料：
（表布）寬23cm×長11.5cm
（裡布）寬23cm×長11.5cm
7.5cm口金、紙繩11.5cm（2條）
白膠、強力接著劑

## 原寸紙型
＊將紙型外側加上0.5cm縫份後剪下。

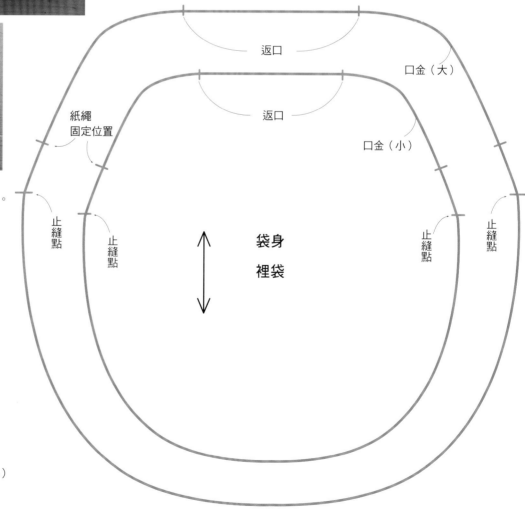

返口

口金（大）

返口

口金（小）

紙繩
固定位置

止縫點

止縫點

袋身
裡袋

止縫點

止縫點

# 束口袋 （大・小）

〔雙邊抽繩型〕

〔基本款〕

（大）　（小）

〔其他花色〕

（大）　（小）

＊LESSON是以小型束口袋示範。

（右上圖）
4
2
17
22
止縫點　袋身（大）
48
22
1

（中圖）
袋底（大）
20
9
24
22
1

（左下圖）
3
1.5
止縫點　袋身（小）
40
1
17
15
3
17

（右圖）
4
2
止縫點
袋身（大）其他花色
60
1
26
22
4
24

● 完成尺寸
（大）寬22cm×長26cm　　（小）寬15cm×長17cm

● 材料
（大・基本款）
布料：（條紋布）寬48cm×長22cm、（花布）寬24cm×長20cm
0.6cm寬的粉紅色扁繩60cm（2條）
（大・其他花色）
布料：寬24cm×長60cm、直徑0.3cm的黑色圓繩60cm（2條）
（小）布料：寬17cm×長40cm、0.4cm寬的扁繩或直徑0.3cm的
圓繩45cm（2條）

## 1.裁剪布料

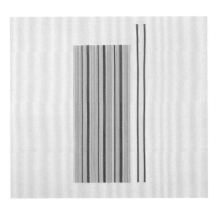

①以鉛筆或粉筆直接將圖形描繪好後，剪下。
②在布的背面，也以粉筆畫好縫線位置。

## 2.縫合袋身兩側

①將兩個長邊以Z字形車縫做布邊處理
後，正面朝上對摺，並將兩側從止縫點
開始車縫。

## 3.製作穿繩處

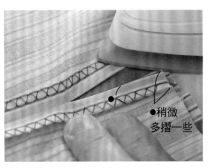

● 稍微
多摺一些

①以熨斗將兩側縫份（含穿繩處）燙開。

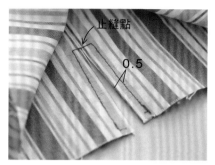

②將兩側穿繩處車縫起來。

③將袋口摺三褶後車縫。（參見P.10）

④從內側車縫袋口。

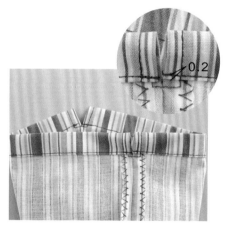

⑤每個穿繩處都要個別回針車縫，以加強固定。

## 4.翻回正面

①將縫份摺起，並牢牢地按住。

②將布料翻回正面。

---

（大・基本款）搭配不同花色袋底的作法

---

③利用錐子將布角挑出，並加以調整。

①將袋身兩片布料與袋底車縫接合，縫份皆倒向同一側，向下摺起。

②在距邊0.5cm處車縫一遍加強固定。拼接完成後的作法與束口袋（小）相同。

## 5.穿過抽繩

①以安全別針別上抽繩一端後，穿過抽繩通口。

②將抽繩從通口穿出後，再穿入另一通口。

③完成穿繩後，將抽繩兩端分別打結。

④第二條抽繩從作法①的另一通口穿入。（此為清楚示範而將抽繩換色）

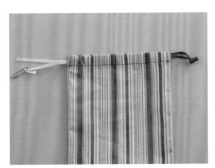

⑤將束口袋翻面後，再將抽繩從另一通口穿過。

⑥將抽繩兩端分別打結。

## 2.縫合袋身及袋底

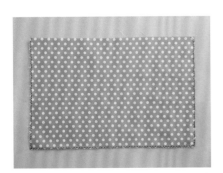

①將袋口以外的三邊以Z字形車縫做布邊處理。

②將布料對摺（正面相對），從止縫點開始將袋身及袋底車縫起來。

## 3.製作穿繩處

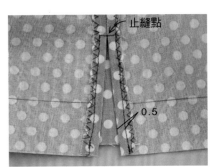

①以熨斗將縫份（含穿繩處）燙開。

**LESSON**

# 束口袋 （大‧小）

〔單邊抽繩型〕

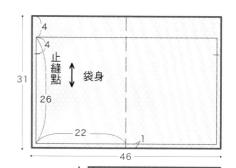

〔基本款〕

（大） （小）

〔其他花色〕

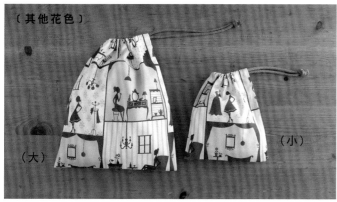

（大） （小）

＊LESSON是以小型束口袋示範。

●完成尺寸
　（大）寬22cm×長26cm
　（小）寬15cm×長17cm

●布料
　（大）布料：寬46cm×長31cm
　　0.6cm寬的扁繩或直徑 0.3cm的圓繩60cm
　（小）布料：寬32cm×長21cm
　　0.4cm寬的扁繩或直徑0.3cm的圓繩45cm

## 1. 裁剪布料

①以鉛筆或粉筆直接將圖形
　描繪好後，剪下。
②在布的背面，也以粉筆畫
　好縫線位置。
（自P.78 下方開始）

## 4. 翻回正面 & 穿繩

②將袋口摺三褶。（參見P.10）

③再將袋口車縫。

①翻回正面後，參見P.78步驟5的作法①
　至③，將抽繩穿過。

# 化妝包 （與 P.58 迷你旅行袋搭配成一組）

**●材料**

（基本款）布料：（表布）寬23.5cm×長31cm
（裡布）寬23.5cm×長31cm、（雙膠棉）
寬23.5cm×長31cm、20cm的拉鍊（1條）

＊避免使用棉襯後布料收縮，製作時要多預備一
些布料。

（其他花色）防水布料：寬22.5cm×長30cm、
20cm的拉鍊（1條）

＊若無雙膠棉，可省略。

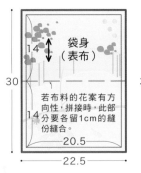

袋身
（表布）

14

30

14

若布料的花案有方
向性，拼接時，此部
分要各留1cm的縫
份縫合。

20.5

22.5

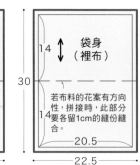

袋身
（裡布）

14

30

14

若布料的花案有方
向性，拼接時，此部
分要各留1cm的縫
合。

20.5

22.5

## 1. 裁剪布料

①以鉛筆或粉筆直接將圖形描繪好，剪下。
②在布的背面，也以粉筆畫好縫線位置。

可先以雙膠棉將表
裡布黏合後（參見
P.08），再依圖示裁
剪所需尺寸。

## 2. 縫合拉鍊

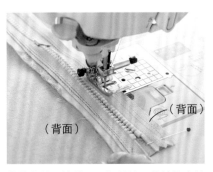

（背面）

（背面）

①將布料及拉鍊正面相對後，將拉鍊車縫
在袋口處。

0.2

②從正面再車縫一次。

## 3. 縫合袋身兩側

③將拉鍊另一端也車縫起來。車縫至弧度
處，拉起壓布腳，稍微移動布料，讓車
縫更加順暢。

①將袋身兩側車縫。

②翻回正面後，挑出布角，並調整形狀。

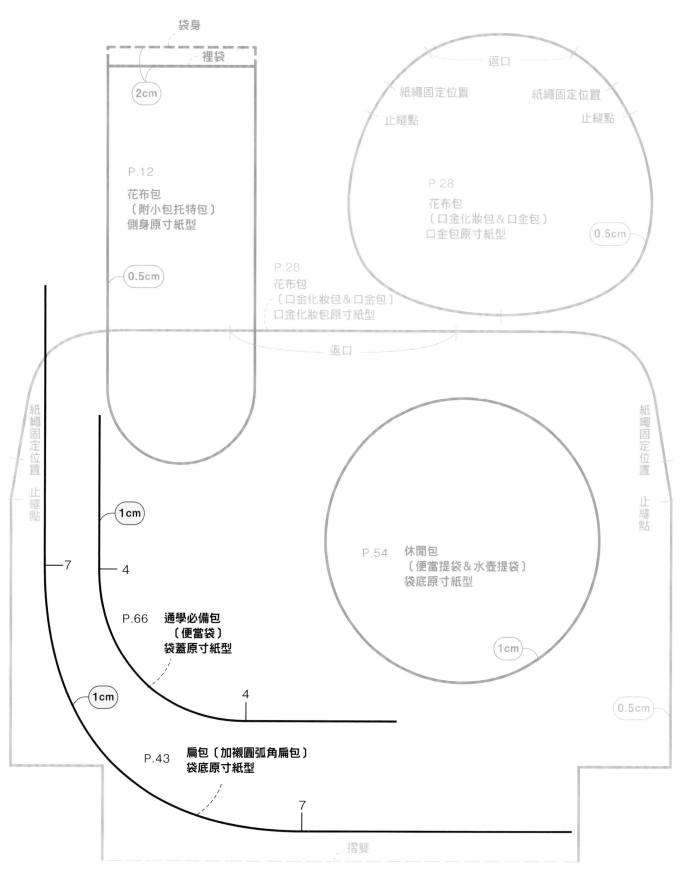

袋身

裡袋

2cm

P.12
花布包
〔附小包托特包〕
側身原寸紙型

0.5cm

返口

紙繩固定位置　　　　紙繩固定位置

止縫點　　　　　　　　止縫點

P.28
花布包
〔口金化妝包＆口金包〕
口金包原寸紙型

0.5cm

P.28
花布包
〔口金化妝包＆口金包〕
口金化妝包原寸紙型

返口

紙繩固定位置

止縫點

紙繩固定位置

止縫點

1cm

7

4

P.66　通學必備包
　　　〔便當袋〕
　　　袋蓋原寸紙型

P.54　休閒包
　　　〔便當提袋＆水壺提袋〕
　　　袋底原寸紙型

1cm

1cm

4

P.43　扁包〔加襯圓弧角扁包〕
　　　袋底原寸紙型

7

0.5cm

摺雙

※請加上 ◯ 內的縫份，再行裁剪紙型。

【Fun手作】33

# 手作包基本功❶
## 一次學會裁剪布料&布包縫紉技巧（暢銷增訂版）

作　　者／梅谷育代
譯　　者／奚丹如・瞿中蓮・張粵・張鐸
總 編 輯／蔡麗玲
執行編輯／黃璟安
編　　輯／蔡毓玲・劉蕙寧・陳姿伶・白宜平・李佳穎
執行美編／翟秀美
美　　編／陳麗娜・周盈汝・韓欣恬
出 版 者／雅書堂文化事業有限公司
發 行 者／雅書堂文化事業有限公司
郵撥帳號／18225950 戶名：雅書堂文化事業有限公司
地　　址／新北市板橋區板新路206號3樓
電　　話／(02)8952-4078
傳　　真／(02)8952-4084
網　　址／www.elegantbooks.com.tw
電子郵件／elegant.books@msa.hinet.net

SHIN BAG ZUKURI NO KISO BOOK.1(NV80449)
Copyright© IKUYO UMETANI／NIHON VOGUE-SHA 2015
Photographer:Toshikatsu Watanabe, Noriaki Moriya
Original Japanese edition published in Japan by Nihon Vogue Co., Ltd.
Traditional Chinese translation rights arranged with Nihon Vogue Co., Ltd.
through Keio Cultural Enterprise Co., Ltd.
Traditional Chinese edition copyright © 2016 by Elegant Books Cultural
Enterprise Co., Ltd.

總 經 銷／朝日文化事業有限公司
進退貨地址／235新北市中和區橋安街15巷1號7樓
電　　話／Tel：02-2249-7714
傳　　真／Fax：02-2249-8715
2016年2月二版一刷 定價／280元

國家圖書館出版品預行編目資料

手作包基本功1：一次學會裁剪布料&布包縫紉技巧
(暢銷增訂版)/ 梅谷育代著. -- 二版. -- 新北市：雅書
堂文化, 2016.02
　面；　公分. -- (FUN手作；33)
ISBN 978-986-302-249-7(平裝)

1.手提袋 2.手工藝

426.7　　　　104008232

# 梅谷育代（うめたにいくよ）

出生於東京西荻窪。從美術大學時代起，便在
NHK教育台擔任兒童節目「できるかな」的道
具設計工作。運用厚紙板、空紙箱、牛奶盒等，
設計出各式各樣的道具長達十三年！隨著大學畢
業及該節目的結束，開始從事「英語であそぼ」
「ワン・ツー・どん」「まちかどド・レ・ミ」
等兒童節目的美術設計，並展開服裝相關事業。
其手藝家的身分是從大學時期即開始。早期作品
多為布類玩偶，近期則在各類手工藝書上發表作
品。著有<<手作包基本功：一次學會裁剪布料&
布包縫紉技巧（暢銷增訂版）>>「手作包基本功：
一次學會裁剪布料&布包縫紉技巧②」
（繁體中文版由雅書堂文化出版）。

## 日文原書團隊

攝　　影　　渡辺淑克　森谷則秋（P.12-31）
模 特 兒　　鈴木悠
書籍設計　　アベユキコ
製　　圖　　安藤能子（fève et fève）
編　　輯　　大島ちとせ

## 工具協助
CLOVER株式會社